I0624686

# ...y odio las matemáticas 2

## ¿Quién las necesita?

# ...and I Hate Math 2

## Who Needs It?

**Jimmy Huston**

*Las matemáticas son un juego al que se juega según ciertas reglas sencillas con marcas sin sentido en trozos de papel.*

David Hilbert

*Mathematics is a game played according to certain simple rules with meaningless marks on pieces of paper.*

David Hilbert

Copyright © 2023-24 Jimmy Huston

ISBN: 978-1-965153-07-9

Todos los derechos reservados, incluido el derecho a usar o reproducir este libro o cualquiera de sus partes sin el consentimiento escrito de la editorial a excepción de cuando se trate de citas breves contenidas dentro de críticas o reseñas.

All rights reserved, including the right to use or reproduce this book or portions thereof in any form whatsoever without written permission from the publisher except in the case of brief quotations embodied in critical articles or reviews.

Cosworth Publishing
21545 Yucatan Avenue
Woodland Hills CA USA
91364
*www.cosworthpublishing.com*

Para más información sobre este consentimiento,
escríbanos a *office@cosworthpublishing.com*.

For information regarding permission,
please send an email to *office@cosworthpublishing.com*.

**Dedicado a Pitágoras**

**(y al pobre Hípaso)**

**Dedicated to Pythagoras**

**(and poor ol' Hippasus)**

# Índice

# Table of Contents

# Capítulo ¿Qué?

¿Por qué un capítulo necesita un número?

¿Por qué va primero el número 1?

¿Y el cero? ¿No está antes del 1?

Eso debería hacer el número 1 segundo.

¿Ves lo tontas que son las matemáticas?


# Chapter What?

Why does a chapter need a number?

Why does the number 1 come first anyway?

What about zero?  Isn't it before 1?

That should make the number 1 second.

See how silly math is?

Sí, odio las matemáticas.

No tienen sentido.

Uno, dos, tres, cuatro, cinco, y así sucesivamente. ¿A quién le importa?

Son números. Los números son estúpidos.

No necesito números.

Yes, I hate math.

It makes no sense.

One, two, three, four, five, and so on. Who cares?

It's numbers. Numbers are stupid.

I don't need numbers.

No me gustan los números pequeños.

I don't like small numbers.

No me gustan los números grandes.

I don't like big numbers.

# Capítulo siguiente

Odio las sumas.

No me hables de manzanas y naranjas. Me da igual.

Si tengo 2 manzanas y me das 3 más, no necesito saber cuántas manzanas tengo.

Puede que tenga mucho. Tal vez no tenga suficiente. Estaré bien. Son sólo manzanas.

Si no tengo, comeré una naranja.

No necesito las sumas.

# Chapter Next

I hate addition.

Don't tell me about apples and oranges. I don't care.

If I have 2 apples and you give me 3 more, I don't need to know how many apples I have.

Maybe I have a lot. Maybe I don't have enough. I'll be fine. It's just apples.

If I don't have any, I'll eat an orange.

I don't need addition.

Odio las restas.

Si tengo 4 manzanas y me como 1, no necesito restar. Sigo teniendo muchas manzanas.

Lo llaman encontrar la diferencia, pero todas son manzanas. ¿Qué diferentes pueden ser?

(Ya me comí la naranja.)

No necesito restar.

I hate subtraction.

If I have 4 apples and eat 1 apple, I don't need subtraction. I still have plenty of apples.

They call it finding the difference, but they're all apples. How different can they be?

(I already ate the orange.)

I don't need subtraction.

Odio las multiplicaciones.

Es una forma más difícil de sumar (que ya odio).

En la multiplicación, X significa veces. Qué tontería. ¿No debería tiempos ser T -- no X?

Esto por aquello. Otra cosa por cualquier cosa. ¿A quién le importa?

No necesito multiplicar.

I hate multiplication.

It's just a harder way to do addition (which I already hate).

In multiplication, X means times. That's dumb. Shouldn't times be T -- not X?

This times that. Something else times anything. Who cares?

I don't need multiplication.

Odio las divisiones.

Todo siempre se hace más pequeño.

Dividido por 2 sólo significa cortarlo por la mitad.

Dividido por 3 sólo significa cortarlo en tercios. Es un poco más difícil, pero ¿para qué molestarse?

Dividido por 4 significa cortarlo por la mitad dos veces.

Dividir por cualquier otra cosa no es necesario. ¿Qué más da?

No necesito la división.

I hate division.

Everything always gets smaller.

Divided by 2 just means cut it in half.

Divided by 3 just means cut it in thirds. That's a little harder, but why bother?

Divided by 4 means cut it in half twice.

Divided by anything else just isn't necessary. Who cares?

I don't need division.

Realmente odio la división larga.

Demasiado complicada.

¿Restantes? Qué asco.

Deséchalos.

¿Quién necesita la división larga?

Yo no necesito matemáticas.

I really hate long division.

Too complicated.

Remainders? Yuck.

Throw them away.

Who needs long division?

I don't need math.

# Capítulo Siguiente

Todo el mundo me dice que las matemáticas son importantes.

Dicen que las matemáticas serán útiles.

Más vale que empiecen pronto.

# Chapter After That

Everybody tells me math is important.

They say that math will come in handy.

It better start soon.

Está bien, algunos números pueden ser útiles, pero no necesito matemáticas.

Por ejemplo....

El número 1 es pis.

Okay, some numbers can be useful, but I don't need math.

For instance....

Number 1 is pee.

El número 2 es caca.

¿Qué es el número 5?

¿Lo ves? No necesito matemáticas.

Number 2 is poop.

What is number 5?

See? I don't need math.

Si cero es igual a nada, ¿cómo existe?

Esta página tiene un cero.

La página opuesta no tiene nada. ¿Cuál es mayor?

If zero equals nothing, how does it exist?

This page has a zero on it.

The opposite page has nothing. Which is greater?

Llegaste aquí sin números de página, ¿no?

¿Qué página es ésta?

No importa.

Hubiera sido la página 20.

Tal vez.

Tal vez no.

No necesito números para saber pasar de página.




You got here without page numbers didn't you?

What page is this?

It doesn't matter.

It would've been page 20.

Maybe.

Maybe not.

I don't need numbers to know to turn the page.

# Capítulo Algo

Odio las fracciones.

Las fracciones son sólo otro tipo de división. Son peores que la división larga.

Elige un número. Cualquier número. Escríbelo. Elige otro número. Cualquier número. Escríbelo debajo del primer número. Traza una línea entre ellos.

Eso es una fracción. Vaya cosa.

Ahora hazlo otra vez. Obtendrás otra fracción. Bien, ahora intenta sumarlas. ¡Qué locura! Quédate con los números grandes.

Las matemáticas son ridículas. ¿Quién las necesita?

# Chapter Something

I hate fractions.

Fractions are just another kind of division. They're worse than long division.

Pick a number. Any number. Write it down. Pick another number. Any number. Write it under the first number. Draw a line between them.

That's a fraction. Big deal.

Now do it again. You'll get another fraction. Okay, now try to add them together. Crazy! Stick with the big numbers.

Math is ridiculous. Who needs it?

Odio los decimales.

Son como números, pero no lo son. ¿En serio?

Sí, son fracciones sin la rayita que las atraviesa.

Pero siempre son décimas. O centésimas. O milésimas. Y así una y otra vez.

A veces no tiene fin. En un número entero, los ceros después del punto son eternos. De verdad. ¡Para siempre!

No tengo tanto papel.

Así que lo "redondean." Olvida todos los ceros.

No necesito decimales.


I hate decimals.

They're just like numbers, but they're not. Really?

Yeah, they're just fractions without the little line through them.

But they're always tenths. Or hundredths. Or thousandths. And on and on.

Sometimes there's no end to it. On a whole number, the zeros after the dot go on forever. Really. Forever!

I don't have that much paper.

So they "round it off." Forget all the zeros.

I don't need decimals.

Y odio redondear.

Me he pasado años intentando obtener la respuesta correcta. Ahora me dicen que elija un número más fácil en vez de acertar.

Que me acerque. Con eso basta.

Lo sabía hace años. Díselo a mis profesores.

No necesito matemáticas.

And I hate rounding off.

I spent years trying to get the right answer. Now they're telling me to just pick an easier number instead of getting it right.

Just be close. That's good enough.

I knew that years ago. Tell my teachers.

I don't need math.

También odio los problemas de palabras. Hacen que las matemáticas sean aún peores.

Si un tren de diez vagones sale de Pittsburgh a las 4 en punto a 20 millas por hora, seis minutos antes de que un ganso salga de Cincinnati (tiempo del centro), ¿cuánto maíz tendría que comer el ganso para encontrarse con el tren antes de que empiece a llover?

No necesito matemáticas disfrazadas de palabras.

I also hate word problems. They make math even worse.

If a ten car train leaves Pittsburg at 4 o'clock at 20 miles an hour, six minutes before a goose leaves Cincinnati (in Central Standard Time), how much corn would the goose have to eat to meet the train before it starts to rain?

I don't need math disguised as words.

# Capítulo Algo Más

Las matemáticas son incoherentes.

Y está llenas de errores.

Galileo cometió errores. Euclides cometió errores. Einstein cometió errores.

Suma algo, obtienes una respuesta. Súmalo de nuevo, puedes obtener una respuesta diferente.

Dicen que uno de ellos está equivocado. ¿Por qué?

Las cosas cambian. Ambas podrían ser correctas en diferentes dimensiones.

¿He mencionado que odio las matemáticas?

# Chapter Something Else

Math is inconsistent.

And it's full of mistakes.

Galileo made mistakes. Euclid made mistakes. Einstein made mistakes.

Add something up, you get an answer. Add it again, you can get a different answer.

They say that one of them is wrong. Why?

Things change. Both could be right in different dimensions.

Did I mention that I hate math?

Incluso la NASA comete errores. ¿Qué posibilidades tengo yo?

El telescopio Hubble, que costó mil quinientos millones de dólares, fue obra de los mejores científicos y matemáticos del país. Después de ser enviado al espacio, no funcionó debido a un pequeño error de medición de un minúsculo milímetro. Eso es menos de 1/50 del grosor de un cabello humano. (¿Los científicos y matemáticos miden con cabellos humanos?)

¿Les pusieron una mala calificación por este error?

No, recibieron más de 86 millones de dólares para intentarlo de nuevo.

Eso no funciona en mis exámenes de matemáticas.

Even NASA makes mistakes. What chance do I have?

The one and a half billion dollar Hubble Telescope was the product of the nation's best scientists and mathemeticians. After it was sent into space, it didn't work because of a small measurement error of one tiny millimeter. That's less than 1/50th of the thickness of a human hair. (The scientists and mathematicians are measuring with human hair?)

Did they get an "F" for this mistake?

No, they got over 86 million dollars to try again.

That doesn't work on my math tests.

# Capítulo Siguiente

Odio el álgebra.

Añaden letras a los números.

Y luego se preguntan qué significan las letras. ¿Qué es X?

Usa letras mejores. Prueba con una vocal para variar.

¿Desconocidos? ¿Variables? Tonterías.

No necesito álgebra.

Y no necesito trigonometría o geometría o estadística o cálculo o topología.

# Chapter Following

I hate algebra.

They add letters to the numbers.

And then they wonder what the letters mean. What is X?

Use better letters. Try a vowel for a change.

Unknowns? Variables? Hooey.

I don't need algebra.

And I don't need trigonometry or geometry or statistics or calculus or topology.

Odio Pi.

Pi es un número que se utiliza en algunas fórmulas.

Es el cociente entre la circunferencia de un círculo y su diámetro.

Y no se acaba nunca. En realidad nunca termina.

Eso significa que nunca puedes usar la cifra completa para hacer un cálculo.

Así que... cualquier cosa creada usando pi es incorrecta. Puede estar cerca, pero no es exacto.

Entonces, ¿por qué está bien? He estado cerca muchas veces, ¡pero todas marcadas como erróneas!

No necesito pi.


I hate Pi.

Pi is a number that is used in some formulas.

It is the ratio of the circumference of a circle to its diameter.

And, it goes on forever. It actually never ends.

That means that you can never use the whole figure to make a computation.

So -- anything created using pi is wrong. It may be close, but it's not accurate.

So why is that okay? I've been close lots of times, but they were all marked wrong!

I don't need pi.

Odio los porcentajes.

No son más que más decimales con una tonta marca de % en lugar de un punto.

Los profesores utilizan porcentajes para calificar los exámenes, y luego ignoran estas puntuaciones precisas y las sustituyen por calificaciones con letras más vagas e imprecisas.

Nadie necesita porcentajes.

I hate percentages.

They're just more decimals with a silly % mark instead of a period.

Teachers use percentages to grade tests, and then they ignore these accurate scores and replace them with more vague and imprecise letter grades.

Nobody needs percentages.

# Capítulo ¿Cuántos?

Dicen que las matemáticas me ayudarán más adelante...

Las matemáticas me ayudarán a seguir los marcadores en los partidos de pelota.

*Voy a mirar el marcador.*

Las matemáticas me ayudarán a cuadrar mi chequera (sea lo que sea eso).

*Mi celular siempre está conmigo. Tiene una calculadora.*

Las matemáticas me ayudarán a medir cosas.

*Vuelve a leer la historia del telescopio Hubble.*

Las matemáticas me ayudarán a convertir galones a litros, libras a kilogramos, millas a kilómetros, Fahrenheit a Celsius.

*No necesito convertir **nada**. Me gustan las cosas como son.*

Las matemáticas me ayudarán a saber cuántos años tengo.

*Tengo una identificación para eso.*

Las matemáticas me ayudarán a saber la hora.

*Teléfono celular.*

Las matemáticas me ayudarán a programar cosas en el calendario.

*Teléfono celular.*

Algún día las matemáticas me ayudarán con mis impuestos.

*Lo único que necesito es el número de teléfono de mi contador.*

# Chapter How Many?

They say math is going to help me later...

Math will help me keep up with scores in ball games.

*I'm just going to look at the scoreboard.*

Math will help me balance my checkbook (whatever that is).

*My cell phone is always with me. It has a calculator.*

Math will help me measure things.

*Go back and read the Hubble Telescope story.*

Math will help me convert gallons to liters, pounds to kilograms, miles to kilometers, Fahrenheit to Celsius.

*I don't need to convert **anything**. I like things the way they are.*

Math will help me know how old I am.

*I have an ID for that.*

Math will help me tell time.

*Cell phone.*

Math will help me schedule things on the calendar.

*Cell phone.*

Someday math will help me with my taxes.

*All the math I need is my accountant's phone number.*

# Capítulo Este

Odio las raíces cuadradas.

No hay nada peor en matemáticas (hasta que llegas al álgebra).

Hay una fórmula para obtener una raíz cuadrada, pero es mala. Tiene demasiados pasos y lleva demasiado tiempo, si es que puedes recordarla.

He encontrado una forma mejor.

Para hallar la raíz cuadrada de un número asignado, elige cualquier número y multiplícalo por sí mismo.

Si la respuesta es menor que el número asignado, elige un número mayor y multiplícalo por sí mismo.

Si es mayor, elige un número menor y multiplícalo por sí mismo.

Vuelve a intentarlo.

Y repite.

Al final, te acercarás lo suficiente.

De todas formas, nunca vas a necesitar una raíz cuadrada.

¿Para qué molestarse?

No necesito matemáticas.

# Chapter This One

I hate square roots.

In all of math, there's nothing worse (until you get to algebra).

There is a formula to get a square root, but it's a bad one. It has way too many steps and it takes too long -- if you can even remember it.

I found a better way.

To find the square root of an assigned number, pick any number and multiply it by itself.

If the answer is lower than the assigned number, pick a bigger number and multiply it by itself.

If it's higher, pick a smaller number and multiply it by itself instead.

Then try again.

And repeat.

Eventually, you'll be close enough.

You're never going to need a square root anyway.

Why bother?

I don't need math.

Y dicen que con raíces cuadradas se pueden crear números imaginarios.

Sí, los matemáticos dicen que los números imaginarios existen de verdad.

Entonces no son imaginarios. O, si son imaginarios, no existen. Ponte serio.

Los números están en un continuo, en un cierto orden. Empieza a contar. Nunca llegarás a un número imaginario. Puedes mirar entre los números las fracciones y los decimales. Pueden ser pequeños y tontos, pero son reales, no imaginarios.

Puedes contar hacia atrás en negativolandia. No verás ningún número imaginario. ¿Pero puedes imaginar uno? ¿Eh?

Eso no funcionará en mi próximo examen de matemáticas.

Las matemáticas me odian.

And they say that with square roots you can create imaginary numbers.

Yes, mathematicians say that imaginary numbers actually exist.

Then they're not imaginary. Or, if they're imaginary, they don't exist. Get serious.

Numbers are on a continuum, in a certain order. Start counting. You'll never get to an imaginary number. You can look in between the numbers at the fractions and the decimals. They may be small and they may be silly but they're real -- not imaginary.

You can count backwards into negativeland. You won't see an imaginary number. But you can *imagine* one? Huh?

That won't work on my next math test.

Math hates me.

¿He mencionado los números irracionales?

¿Por qué iba a hacerlo?

Sería una locura.

Cuenta la leyenda que los números irracionales fueron "descubiertos" por el antiguo griego Hípaso, y eso enfureció a Pitágoras. Hizo que tiraran a Hípaso por la borda y se ahogó en el mar.

No necesito números irracionales ni matemáticos irracionales.

Did I mention irrational numbers?

Why would I?

That would be crazy.

Legend has it that irrationdal numbers were "discovered" by the ancient Greek Hippasus, and that made Pythagoras mad. He had Hippasus thrown overboard and he drowned at sea.

I don't need irrational numbers or irrational mathematicians.

Dicen que hay números negativos.

No, no los hay.

Si tengo 5 manzanas y me quitan 7 manzanas, ¿tengo 2 manzanas en negativo?

Obviamente, debo haber tenido 7 manzanas, no 5.

They say there are negative numbers.

No, there aren't.

If I have 5 apples and you take away 7 apples, do I have negative 2 apples?

Obviously, I must have had 7 apples, not 5.

# Capítulo Penúltimo

Lo contrario de los números negativos serían los números enormes.

Puedo creer en números enormes. Simplemente no me importa. No me importa si es un jillón, zillón, squillón, gazillón, kazillón, bajillón o bazillón. Solía haber un número británico llamado millardo, pero fue eliminado en 1974. ¿Eh? ¿Adónde fue a parar?

Uno de los números realmente grandes es el diez duotrigintillón (o diez mil sexdecillón). Lo llaman googol. Y no es un chiste. (No hay bromas en matemáticas. No son nada divertidas.)

El número googol tiene este aspecto:

10,000,000,000,000,000,000,000,000,000,000,00
0,000,000,000,000,000,000,000,000,000,000,000
,000,000,000,000,000,000,000,000,000,000,000.

# Chapter Next to Last

The opposite of negative numbers would be huge numbers.

I can believe in huge numbers. I just don't care. I don't care if it's a jillion, zillion, squillion, gazillion, kazillion, bajillion, or bazillion. There used to be a British number called milliard, but it was eliminated in 1974. Huh? Where did it go?

One of the really big numbers is ten duotrigintillion (or ten thousand sexdecillion). They call it googol. And that's not a joke. (There are no jokes in math. No fun at all.)

The number googol looks like this:

10,000,000,000,000,000,000,000,000,000,000,00
0,000,000,000,000,000,000,000,000,000,000,000
,000,000,000,000,000,000,000,000,000,000,000.

Un número aún mayor es googolplex. Es un 1 con un googol de ceros (diez duotrigintillones de ceros).

Dicen que googolplex es mayor que el número de átomos del universo, pero ¿quién lleva la cuenta?

Hay locos de las matemáticas que se inventan sus propios números y cada uno cree que el suyo es el mayor. ¡Hacen concursos!

El número de Skewes. El número de Graham. El número de Rayo. Su número es tan grande que nadie sabrá nunca cuántos ceros tiene. Aparentemente crece más rápido de lo que puede ser computado.

Y ni siquiera hablan del infinito. Los matemáticos están locos.

No necesito sus apestosas matemáticas.

An even bigger number is googolplex. That's a 1 with a googol of zeros (ten duotrigintillion zeros).

They say that googolplex is bigger than the number of atoms in the universe, but who's counting?

There are math freaks who make up their own numbers and each thinks his number is the biggest. They have contests!

Skewes's number. Graham's number. Rayo's number. His number is so big no one will ever know how many zeros it has. Apparently it's growing faster than it can be computed.

And they won't even talk about infinity. Mathematicians are loons.

I don't need their stinking math.

# Capítulo Último

Estoy muy contento de no necesitar matemáticas.

Excepto para el dinero. No odio el dinero. Así es como el mundo lleva la cuenta.

Los dólares se miden en números, ¡y no quiero errores! Quiero ser un googollonario.

Y es por eso que podría necesitar matemáticas después de todo.

*¡Diantres!*

EL FIN


# Chapter Last

I'm really glad I don't need math.

Except for money. I don't hate money. That's how the world keeps score.

Dollars are measured in numbers, and I don't want any mistakes! I want to be a googollionaire.

And that's why I might need math after all.

*Rats!*

THE END

## Sobre el autor

Escribió una bonita biografía, pero la puso en el lugar equivocado porque no hay números de página.

## About the Author

He wrote a nice bio, but he put it in the wrong place because there are no page numbers.

## Other Books (that you will hate) by Jimmy Huston

Otros libros (que detestarás) por Jimmy Huston

*The I Hate to Read Book*

*Nate-Nate the Christmas Snake*

*The Dyslexic Handbook: Genius Edition*

*Cussing for Kids!: Etiquette for the Profane*

*The Attention Deficit Disorder Hyperactive Cookbook: Puzzle Edition*

*Autism for Beginners: Surfing the Spectrum*

*The OCD Funbook: Really?*

*The Bedtime Book of Bad Dreams: Dozing Dangerously*

*Baby's First Instruction Manual: How To Be the Center of the Universe*

*Rat BLEEP and Alien Poop: Not for Parents at All*

*The Big Beautiful Book of Burping, Belching, and Barfing*

*The Book Book: Inside the Inside Story*

*Why Can't Mommy Spend More Time with Me?*

*How to Write This Book: You're Going To Be the Author*

*The Amazing, Stupendous, Extraordinary, and Somewhat Unusual SPINNING BOOK*

*That Damn Little Angel*

*The Snake Test: True? False? Maybe?*

*Is This Your First Funeral?: A Child's Primer*

*The First Apology Is the Worst*

*It's Not Easy Being Mister Ladybug*

*Don't Go to College, Go to Europe for Less*

*Dead Is the New Sick: An Insider's Guide to Senility, Paranoia, and Curmudgery*

*www.byjimmyhuston.com*
*www.cosworthpublishing.com*

www.ingramcontent.com/pod-product-compliance
Lightning Source LLC
Chambersburg PA
CBHW041524120626
46551CB00018B/2566